0~3 岁婴幼儿回应性喂养

核心信息

编　　著　中国健康促进与教育协会营养素养分会

支持单位　中国营养学会妇幼营养分会
中国优生优育协会母婴营养工作委员会
海南健康发展研究院健康传播中心

人民卫生出版社
·北　京·

图书在版编目（CIP）数据

0~3 岁婴幼儿回应性喂养核心信息 / 中国健康促进与教育协会营养素养分会编著 . —北京：人民卫生出版社，2024.5

ISBN 978-7-117-36380-8

Ⅰ. ①0… Ⅱ. ①中… Ⅲ. ①婴幼儿－哺育 Ⅳ. ①TS976.31

中国国家版本馆 CIP 数据核字（2024）第 105673 号

0~3 岁婴幼儿回应性喂养核心信息

0~3 Sui Yingyou'er Huiyingxing Weiyang Hexin Xinxi

编　　著：中国健康促进与教育协会营养素养分会
出版发行：人民卫生出版社（中继线 010-59780011）
地　　址：北京市朝阳区潘家园南里 19 号
邮　　编：100021
E - mail：pmph @ pmph.com
购书热线：010-59787592　010-59787584　010-65264830
印　　刷：北京顶佳世纪印刷有限公司
经　　销：新华书店
开　　本：710 × 1000　1/16　　印张：1.5
字　　数：17 千字
版　　次：2024 年 5 月第 1 版
印　　次：2024 年 6 月第 1 次印刷
标准书号：ISBN 978-7-117-36380-8
定　　价：30.00 元

打击盗版举报电话：010-59787491　E-mail：WQ @ pmph.com
质量问题联系电话：010-59787234　E-mail：zhiliang @ pmph.com
数字融合服务电话：4001118166　E-mail：zengzhi @ pmph.com

《0~3岁婴幼儿回应性喂养核心信息》

编 写 组

马冠生 北京大学公共卫生学院
张 曼 北京大学护理学院
张 娜 北京大学公共卫生学院
方宇杰 北京大学公共卫生学院
周淑益 北京大学公共卫生学院
申贵元 北京大学公共卫生学院
曲 畅 北京大学公共卫生学院
宋咏烨 北京大学公共卫生学院

《0~3岁婴幼儿回应性喂养核心信息》

专 家 组

（按姓氏笔画排序）

朱　玲　山西省儿童医院/山西省妇幼保健院
朱文丽　北京大学公共卫生学院
衣明纪　青岛大学附属医院
孙昕霙　北京大学公共卫生学院
杜维婧　中国健康教育中心
李　玲　山东大学齐鲁儿童医院
杨年红　华中科技大学同济医学院公共卫生学院
杨振宇　中国疾病预防控制中心营养与健康所
杨慧霞　北京大学第一医院
余晓丹　上海交通大学医学院附属上海儿童医学中心
汪之顼　南京医科大学公共卫生学院
周　欢　四川大学华西公共卫生学院
殷　勤　南京医科大学第二附属医院
陶玉玲　江西省妇幼保健院
盛晓阳　上海交通大学医学院附属新华医院
崔　伟　中华预防医学会健康传播分会
蒋　泓　复旦大学公共卫生学院

前言

回应性喂养是照护者关注婴幼儿进食过程中反馈的信息并及时给予回应的积极互动喂养模式。作为科学喂养的重要组成部分，回应性喂养不仅能够帮助婴幼儿建立健康的饮食行为，促进其体格生长，还在婴幼儿依恋关系的建立、认知和语言的发展以及适应能力的良好性方面发挥着重要作用。

为进一步推动回应性喂养的开展，世界卫生组织和联合国儿童基金会发布了《婴幼儿喂养全球战略》，强调了促进婴幼儿适宜喂养的重要性，其开发的"关爱儿童发展"干预计划纳入了回应性喂养原则，旨在促进儿童早期学习和回应性照护，并将回应性喂养列为婴幼儿生存所必需的12项基本家庭护理之一。在我国，《中国居民膳食指南（2022）》和《婴幼儿养育照护专家共识》中也明确提出要进行回应性喂养。

通过向公众普及传播科学、规范、易于理解并接受的回应性喂养知识，指导公众树立回应性喂养理念，是提升婴幼儿回应性喂养实践、促进婴幼儿健康和全面发展的重要举措。新媒体和其他媒体的迅猛发展，为回应性喂养相关知识的普及提供了很好的平台，但也带来了一些弊端，如喂养相关谣言四起，人们对回应性喂养知识更为困惑。

鉴于此需求和现状，中国健康促进与教育协会营养素养分会联合中国营养学会妇幼营养分会、中国优生优育协会母婴营养工作委员会和海南健康发展研究院健康传播中心，遵循科学、规范和严谨的方法进行了循证，并组织全国营养、妇幼保健、健康教育、儿科、社会医学等不同领域的专家，经过多轮专家德尔菲法咨询与反复研讨，筛选出关键、实用的回应性喂养要点，编著成《0~3 岁婴幼儿回应性喂养核心信息》。

本核心信息涵盖了基本知识与理念、喂养环境、喂养互动和喂养方式三个维度，旨在通过科学、规范、易于理解的方式，向居民普及回应性喂养相关知识，引导大家树立正确的喂养理念，提升回应性喂养实践水平。希望通过学习和实践本核心信息的回应性喂养知识，更好地理解回应性喂养的内涵，掌握回应性喂养的方法。同时也希望本核心信息可以成为提升回应性喂养实践水平的重要工具，促进婴幼儿健康和全面发展。

本核心信息的制定得到了国际计划的大力支持，在此致以诚挚的感谢。

2024 年 4 月

目 录

一、基本知识与理念

1. 回应性喂养是照护者关注婴幼儿进食过程中反馈的信息并及时给予回应的积极互动喂养模式

释义：回应性喂养是一种积极的喂养方式，要求照护者及时、恰当地对婴幼儿反馈的信息作出反应，其特点是在喂养过程中强调照护者与婴幼儿之间的互动，核心是照护者能够识别婴幼儿进食的需求，及时、合理地给予回应，并帮助婴幼儿逐步学会自主进食。

2. 回应性喂养有助于维护婴幼儿对饥饿或饱足的内在感受，帮助其实现自主进食，建立健康的饮食行为，有助于预防营养不良、促进婴幼儿生长发育

释义：回应性喂养能促进婴幼儿进食的自主性和自我调节，帮助婴幼儿辨别饥饿和饱足的感觉，学会依据自身需求来进食。这有助于培养婴幼儿自主进食的能力，养成健康的饮食行为，避免过度

进食或饮食不足，从而减少超重、肥胖、生长迟缓以及微量营养素缺乏等问题的发生，促进婴幼儿的健康成长。

3. 回应性喂养有助于促进照护者与婴幼儿之间的情感交流，从而促进婴幼儿的神经心理发展和社会适应能力

释义：回应性喂养可以营造积极温馨的家庭环境，鼓励婴幼儿进行情感交流，帮助照护者与婴幼儿保持良好的依恋关系，这不仅对婴幼儿的情感发展至关重要，还会对他们的社会化进程产生深远影响。回应性喂养能促进婴幼儿的认知、语言、气质、性格和社会情感发展，为其在未来的生活中建立良好的适应能力和社交技能奠定坚实基础。

4. 照护者应主动获取、理解、甄别和应用婴幼儿喂养相关信息

释义：照护者的喂养方式对婴幼儿的生长发育与饮食行为的建立起着至关重要的作用。为了有效实施回应性喂养，照护者应了解这一概念的内涵，具备甄别信息的能力，以确保获取的喂养信息是科学合理和可靠的；积极主动地寻求、理解和应用科学喂养知识和技能，以确保为婴幼儿提供健康的饮食环境和实践。

二、喂 养 环 境

5. 照护者应营造安静、没有干扰的喂养环境

释义：在喂养开始之前，照护者应为婴幼儿营造安静、没有干扰的环境，避免电子设备、玩具、书籍及其他人员等一切干扰。没有干扰的喂养环境有助于照护者与婴幼儿之间的互动，使照护者能更好地观察和理解婴幼儿反馈的信息，也有助于婴幼儿集中精力进食。

6. 照护者应为婴幼儿提供适龄的餐具和餐桌椅，喂养时与婴幼儿面对面就座或围桌而坐

释义：在喂养开始之前，照护者应为婴幼儿准备好适龄的餐具，如婴幼儿勺子、叉子、盘子等。确保婴幼儿有专门的、适合他们身体大小的餐桌椅，婴幼儿使用自己的餐桌椅就餐，照护者坐在婴幼儿餐桌的对面。这种面对面的喂养方式有助于建立亲密的喂养关系，同时也便于照护者更好地观察和回应婴幼儿的需求和信号。较大

的婴幼儿应与家人一起围桌而坐，共同进餐。

7. 所有家庭成员均应支持并和婴幼儿的主要照护者一起积极参与婴幼儿喂养

释义：回应性喂养需要全家共同参与和支持，除了主要照护者外，其他家庭成员也应积极地参与进来，共同创造支持婴幼儿健康饮食发展的家庭环境，遵循喂养的最佳实践，共同维护婴幼儿的健康。

8. 照护者要保持健康的心理和愉快的情绪

释义：照护者的心理健康与喂养婴幼儿的行为密切相关，是影响亲子关系健康和生活质量的重要因素。照护者应保持健康的心理和愉快的情绪，在面对婴幼儿不当饮食行为时，保持平静和冷静。遇到困难或压力时，照护者应积极调整心态，如果出现情绪过度波动，可以让其他家庭成员对婴幼儿进行喂养，同时及时、科学地进行自我心理疏导，必要时可以寻求专业的心理援助。

三、喂养互动和喂养方式

9. 照护者应为婴幼儿提供适龄的食物

释义：照护者应确保为婴幼儿提供适合其年龄和发展阶段的食物，以满足婴幼儿的特定营养需求和发育水平，在这一过程中，应关注食物的种类和状态。对于0~6月龄婴儿，母乳是最理想的食物，正常情况下能满足6月龄内婴儿所需要的全部能量、营养素和水；婴儿配方奶只能作为纯母乳喂养失败后无奈的选择。对于7~12月龄婴儿，继续母乳喂养并添加辅食，从富含铁的泥糊状食物如肉泥、肝泥、强化铁的婴儿谷粉开始，逐渐过渡至多样化固体食物，如肉末、烂面、碎菜和水果粒等。对于13~36月龄幼儿，照护者应为其提供可被拿起、咀嚼和吞咽的固体食物，提供多样化食物组成的膳食，包括谷物类、动物性食物、豆类、蔬菜和水果等，并可以逐渐尝试非专门制作的其他家庭成员的食物。

10. 照护者应能够识别婴幼儿常见饥饿信号并及时进行喂养

释义:0~6 月龄婴儿常见饥饿信号包括:警觉、身体活动增加、面部表情增加、不易安抚、翻身、面红、张大嘴巴、吮吸手指等;哭闹是婴儿饥饿的最晚信号,应避免出现哭闹时才开始喂养。7~12 月龄婴儿常见饥饿信号包括:看到食物时很兴奋、看到大人就餐时表现出吃的欲望、伸手去拿勺子或食物、指向食物、用声音表达对食物的渴望等。13~36 月龄幼儿常见饥饿信号包括:看到食物时很兴奋、指向食物、伸手去拿勺子或食物等,逐渐会使用手势和语言表达食物需求。照护者应该能识别这些信号,以便及时进行喂养。另外,婴幼儿哭闹还可能由于疾病、情绪等其他因素,此时应积极寻找原因,照护者无法解决时应咨询医疗专业人员。

11. 照护者应能够及时调整喂养频次以满足不同年龄段婴幼儿的需要

释义:婴幼儿在不同年龄段对喂养的需求会发生变化,照护者应理解这些需求并及时、灵活地调整喂养方式和频次。0~6 月龄婴儿因饥饿引起哭闹时应及时喂养,但不强求次数和时间,特别是 3 月龄内的婴儿。3 月龄后,婴儿胃容量增大,进食习惯趋于规律,可以逐渐从按需喂养过渡到规律喂养;7~12 月龄婴儿和 13~36 月龄幼儿已经建立起饮食规律,应按时喂养,规律进餐。

12. 照护者应鼓励并帮助婴幼儿自主进食

释义:学会自主进食,是婴幼儿成长过程中的重要一步。照护者应鼓励并帮助婴幼儿学会自主进食。喂养7~9月龄婴儿时,可以让其抓握、玩弄小勺等餐具;10~12月龄婴儿可以自己抓着香蕉、黄瓜条、煮熟的土豆块等自己吃;13月龄开始可以让幼儿用小勺自喂。同时,也应引导婴幼儿学会寻求帮助。照护者应保持耐心,帮助婴幼儿逐渐自主进食,促进婴幼儿的自信心和自我控制能力。

13. 照护者应能够识别婴幼儿常见饱腹信号并停止喂养

释义:0~6月龄婴儿常见饱腹信号包括:减慢或停止吮吸、边吃边玩、吐出乳头或入睡、双唇紧闭、扭头躲避、表现出不赞成或痛苦的表情等。7~12月龄婴儿常见饱腹信号包括:进食速度减慢、把食物含在嘴里、摇头拒绝、用舌头把食物吐出来等。13~36月龄幼儿常见饱腹信号包括:进食速度减慢、把食物含在嘴里、摇头拒绝、用舌头把食物吐出来、玩食物或扔食物等,逐渐会使用手势和语言拒绝食物。照护者应当具备识别和理解婴幼儿常见饱腹信号的能力,以便在婴幼儿感到饱足时能够及时停止喂养。

14. 婴幼儿非饱腹原因拒绝进食或食欲下降时，照护者应保持耐心，鼓励但不强迫进食，尽量提供不同味道、质地与口感的食物或尝试不同的食物搭配

释义：当婴幼儿非饱腹原因拒绝进食或对食物失去兴趣时，照护者应观察婴幼儿是否出现极度不安、焦虑或不寻常的哭声等情绪变化，以及是否出现体温升高、腹痛、腹泻、粪便异常、皮肤状况异常或食欲持续下降等症状，如果出现则提示婴幼儿可能生病，须暂停喂养，及时就医。排除疾病原因后，照护者应保持耐心，少量多次地进行喂养，避免强迫婴幼儿进食，尽量提供不同味道、质地与口感的食物，或者尝试不同的食物搭配，激发婴幼儿的进食兴趣。

15. 疾病状态下，照护者应更加耐心地喂养，为婴幼儿提供易消化且营养丰富的食物，少量多餐，根据婴幼儿身体状况进行及时、合理调整

释义：婴幼儿处于疾病期或恢复期时，照护者进行喂养需要更多的耐心和关注。可以为婴幼儿提供易消化且营养丰富的食物，如鸡蛋羹、鸡肉、鱼肉、蒸熟的蔬菜等。如果婴幼儿有吞咽困难可为其提供流食或软食，如各种粥类、面条等。少量多次地喂养，并根据婴幼儿的恢复状况及时、合理地调整，每餐逐渐提供更多的食物。

16. 照护者应仔细观察喂养过程中婴幼儿的行为，关注体重和身长/身高的变化，如有异常应及时咨询医疗专业人员

释义：照护者应仔细观察喂养过程中婴幼儿的行为、体重和身长/身高来评价喂养是否恰当。婴幼儿的行为包括自主进食能力、食物摄入量、对食物的反应、饱腹反应、情绪表现、注意力、攻击行为、暴饮暴食等，如果发现婴幼儿出现自主进食能力差、暴饮暴食等行为，照护者需要评估自己的喂养是否符合回应性喂养的要求，并根据情况调整喂养策略。婴幼儿的体重和身长/身高是反映婴幼儿生长发育情况以及照护者喂养情况的重要指标，如果发现生长状态异常（高于或低于正常范围）或生长速度异常（过快或过慢），则提示可能存在喂养不当。照护者应咨询医疗专业人员，评估其是否存在喂养不当，并在专业人员指导下及时调整喂养策略。

主要参考文献

[1] SHONKOFF J P, RICHTER L, VAN DER GAAG J, et al. An integrated scientific framework for child survival and early childhood development [J]. Pediatrics, 2012, 129(2): e460-e472.

[2] FLEMING T P, WATKINS A J, VELAZQUEZ M A, et al. Origins of lifetime health around the time of conception: causes and consequences [J]. The Lancet, 2018, 391(10132): 1842-1852.

[3] BLACK M M, WALKER S P, FERNALD L C H, et al. Early childhood development coming of age: science through the life course [J]. The Lancet, 2017, 389(10064): 77-90.

[4] RICHTER L M, DAELMANS B, LOMBARDI J, et al. Investing in the foundation of sustainable development: pathways to scale up for early childhood development [J]. The Lancet, 2017, 389(10064): 103-118.

[5] BRITTO P R, LYE S J, PROULX K, et al. Nurturing care: promoting early childhood development [J]. The Lancet, 2017, 389(10064): 91-102.

[6] DOYLE O, HARMON C P, HECKMAN J J, et al. Tremblay. Investing in early human development: Timing and economic efficiency [J]. Economics and Human Biology, 2009, 7(1): 1-6.

[7] UNICEF. Integrating Early Childhood Development (ECD) activities into Nutrition Programmes in Emergencies [Z]. Geneva: World Health Organization, 2013.

[8] 中国营养学会. 中国居民膳食指南(2022)[M]. 北京:人民卫生出版社, 2022.

[9] MENTRO A M, STEWARD D K, GARVIN B J. Infant feeding responsiveness: a conceptual analysis [J]. J Adv Nurs, 2002, 37(2): 208-216.

[10] World Health Organization. Infant and Young Child Feeding: Model Chapter for Textbooks for Medical Students and Allied Health Professionals [R]. Geneva: World Health Organization, 2009.

[11] SOUZA S S, LINLEY J. Can responsive feeding help to encourage healthy growth? [J]. J Fam Health, 2015, 25(6): 16-18.

[12] DISANTIS K I, HODGES E A, JOHNSON S L, et al. The role of responsive feeding in overweight during infancy and toddlerhood: a systematic review [J]. Int J Obes (Lond), 2011, 35(4): 480-492.

[13] BERGMEIER H, SKOUTERIS H, HORWOOD S, et al. B. Associations between child temperament, maternal feeding practices and child body mass index during the preschool years: a systematic review of the literature [J]. Obes Rev, 2014, 15(1): 9-18.

[14] ENGLE P L, PELTO G H. Responsive feeding: implications for policy and program implementation [J]. J Nutr, 2011, 141(3): 508-511.

[15] BLACK M M, HURLEY K M. Responsive Feeding: Strategies to Promote Healthy Mealtime Interactions [J]. Nestle Nutr Inst Workshop Ser, 2017(87): 153-165.

[16] 联合国儿童基金会. 2015 年中国儿童人口状况：事实与数据 [EB/OL]. (2021-08-13) [2024-04-03]. https://www.unicef.cn/reports/population-status-children-china-2015.

[17] TARTAGLIA J, MCINTOSH M, JANCEY J, et al. Exploring Feeding Practices and Food Literacy in Parents with Young Children from Disadvantaged Areas [J]. Int J Environ Res Public Health, 2021, 18(4): 1496.